AF247047

LE
CLIMAT DE SAN-REMO

PAR LE DOCTEUR

FRANÇOIS ONETTI

Médecin de la Ville de San-Remo, Membre correspondant de l'Académie Royale de médecine
de Turin, de Gênes, de Ferrare, Membre du R. Institut d'encouragement d'*Agriculture*
de Palerme, de l'Académie agraire de Pesara, de l'Académie des Sciences, Lettres et Arts
des Zélés d'Aci-Royal, de l'Institut de Médecine de Valence, de la Société médicale de
Lyon, Chambéry, Alpes-Maritimes, de la Société climatologique d'Alger, etc.
Chevalier de l'Ordre de la Couronne d'Italie

TRADUIT DE L'ITALIEN

PAR LE Dr E.-L. BERTHERAND

Chevalier de la Légion-d'Honneur, Secrétaire-général de la Société climatologique d'Alger

MARSEILLE
TYP. ET LITH. BARLATIER-FEISSAT PÈRE ET FILS
Rue Venture, 19

1876

LE

CLIMAT DE SAN-REMO

Productions du Docteur Onetti.

—◇◉◇—

1° D'une Epidémie de Fièvres Typhoïdes compliquées d'embarras gastrique et de vers. San-Remo 1814.

2° D'une Gastro-Enterite attribuée par erreur à un empoisonnement. *V. Journal des sciences médicales de la R. Académie de Turin* 1846.

3° Réponse critique à un anonyme et au docteur Rambaldi sur la fièvre Typhoïde épidémique. Nice 1849.

4° Différence entre la fièvre Typhoïde et la Dothinentérile. *V. Journal de la R. Académie de médecine de Turin* 1849.

5° Du Châtaignier d'Inde et de son fruit. *V. Idem.*

6° Des Scrofules. *Idem* 1856.

7° Réponse à la brochure du docteur Macario intitulée *Menstruation et allaitement. V. Idem* 1857.

8° Réponse à la brochure du docteur Macario intitulée « les Scrofules du docteur Onetti. » *V. Idem* 1857.

9° Observations sur la Lèpre lues à l'Académie médicale de Gênes. Turin 1858.

10° De la contagion de la Lèpre. *Idem* 1859.

11° Réponse à la brochure du docteur Macario intitulée « S. Remo et sa Léproserie, » et aux observations critiques sur la Lèpre du docteur Rambaldi. Gênes 1859.

12° De la saignée dans les inflammations, et particulièrement dans la pneumonie. *V. Journal de l'association médicale.* 1860.

13° Du climat de San-Remo. *V. Idem.* 1860.

14° San-Remo et ses environs. San-Remo 1860.

15° De la modération de la saignée dans les inflammations et les congestions. *V. Journal la Ligurie médicale.*

16° D'un cas de mort inopinée, produite par des lésions organiques du cœur. *V. Journal de l'association médicale. Turin* 1863.

17° Observations sur les Hôpitaux des enfants trouvés d'Italie et sur leur utilité.

18° L'Emétique dans la Thérapeutique. *V. Gazette médicale de Turin.* 1870.

LE

CLIMAT DE SAN-REMO

PAR LE DOCTEUR

FRANÇOIS ONETTI

Médecin de la Ville de San-Remo, Membre correspondant de l'Académie Royale de médecine
de Turin, de Gênes, de Ferrare ; Membre du R. Institut d'encouragement d'*Agriculture*
de Palerme, de l'Académie agraire de Pesara ; de l'Académie des Sciences, Lettres et Arts
des Zélés d'Aci-Royal ; de l'Institut de Médecine de Valence, de la Société médicale de
Lyon, Chambéry, Alpes-Maritimes, de la Société climatologique d'Alger, etc.

Chevalier de l'Ordre de la Couronne d'Italie.

TRADUIT DE L'ITALIEN

PAR LE Dr E.-L. BERTHERAND

Chevalier de la Légion-d'Honneur, Secrétaire-général de la Société climatologique d'Alger.

MARSEILLE

TYP. ET LITH. BARLATIER-FEISSAT PÈRE ET FILS

Rue Venture, 19

1876

A

LA SOCIÉTÉ DES SCIENCES

PHYSIQUES, NATURELLES ET CLIMATOLOGIQUES

D'ALGER

F. ONETTI.

AVANT-PROPOS

Il y a quelques années, le patriotisme et la philanthropie
nous ont engagé à publier quelques notes sur San-Remo, son
histoire, sa topographie et sa météorologie. Notre but était
d'attirer l'attention des Etrangers, touristes ou malades, sur
les qualités hygiéniques et les conditions physiques et sociales
de cette localité. Bien que notre opuscule ait eu la bonne
chance d'amener à San-Remo, de presque toutes les parties
de l'Europe, une nombreuse colonie de valétudinaires, et
que des Académies, ainsi que des Autorités médicales, aient
bien voulu accorder leur précieuse approbation à notre mo-
deste travail, nous avons cependant reconnu qu'il offrait encore un certain nombre de points à retoucher, et nécessitait,
en outre, quelques additions d'un intérêt scientifique réel.

L'œuvre ainsi remaniée et complétée, nous avons considéré
comme un devoir de la placer sous le patronage de la Société
de Climatologie d'Alger : d'une part, en raison d'un sentiment
de profonde reconnaissance pour le titre de Membre correspondant dont elle a daigné récompenser nos précédentes com-
munications; de l'autre, parce que sur cette terre africaine,
où depuis quarante-cinq ans la France a montré la valeur de
ses soldats, a multiplié ses efforts pour l'embellir dans l'ordre
des sciences, de l'industrie, de l'agriculture et de la religion

chrétienne, cette Société savante a su, par l'ampleur de ses
vues, par la recherche sérieuse des influences climatériques
sur l'économie animale, conquérir, près des Académies et des
Savants d'Europe, une légitime réputation de bienveillante
courtoisie et de généreuse protection à l'égard de tous les
hommes d'études. Je lui dédie donc très-respectueusement
cette Notice, avec la confiance qu'elle daignera l'accueillir
avec sa cordialité habituelle.

Dr F. O.

CLIMAT DE SAN-REMO

§ 1. — Topographie.

Qui lieta primavera mai non manca
Che i suoi crin biondi e crespi all'aura spiega,
E mille fiori inghirlandata lega.
POLIZIANO.

San-Remo est assis dans une situation délicieuse, sur une plage du Golfe de Gênes, de 700 kilomètres carrés de surperficie, à la distance de 23 kilomètres de Menton, 55 de Nice, par les 43°, 47', 56" de latitude boréale et 5°, 26', 30" de longitude orientale. Son panorama est triangulaire et s'offre à celui qui s'approche par la Méditerranée, sous la forme d'un amphithéâtre formé d'escarpements gigantesques, de montagnes arquées (1), qui se terminent en deux promontoires à 5 kilomètres de la ville. Ces promontoires se prolongent par une longue saillie jusque dans la mer, l'un au N-E, le Cap-Vert, l'autre au N-O, le Cap-Pin, embellis de sept petites collines, de vallées entrecoupées, de torrents aux eaux limpides et fraîches, écrans enchanteurs qui les protègent contre l'impétuosité des vents.

Au retour du printemps, oliviers, cédratiers, orangers, limoniers, palmiers, grenadiers, poiriers, pommiers, s'entremêlent à une nombreuse famille de plantes verdoyantes, de fleurs, disséminées çà et là, et versent dans les brises d'un air léger des effluves odoriférantes qui, à plus d'un mille de distance, charment le marin et le voyageur. Aussi est-ce à bon droit que San-Remo est considéré comme le jardin de la Ligurie

(1) La plus haute atteint 1230 mètres.

occidentale, et peut être opposé aux plus beaux sites de Nervi, le jardin de la Ligurie orientale.

La localité se divise en deux parties, *l'ancienne et la moderne*: la première, comprend un ramassis de cahutes amoncelées pêle-mêle, de ruelles étroites et misérables, de petits forts de défense en vue de la protéger contre les invasions étrangères; la seconde, s'élève sur une esplanade, avec des rues régulières, des places spacieuses, des palais somptueux symétriquement disposés, comme il convient à une époque de paix et de liberté.

Depuis quelques années, grâce à de savants et persévérants efforts dans les Arts, la cité s'embellit, s'agrandit, se complète en magnificence, se transforme de jour en jour. A chaque instant, quelque nouvelle et gracieuse amélioration s'offre aux regards du visiteur étranger : de belles rues s'ouvrent, les voies de circulation s'élargissent, les places s'agrandissent, de magnifiques demeures s'élèvent, de riches monuments, des villas très élégantes surgissent. La municipalité et les citoyens rivalisent pour rendre la charmante petite ville plus commode et plus majestueuse. Au moyen de cette ardeur de construire et d'embellir, elle deviendra une véritable merveille, qui satisfera les vœux des habitants et des étrangers.

§ 2. — Géologie.

Quiconque considère les terrains renfermés dans le périmètre de San-Remo, du Cap-Vert au Cap-Pin, reconnaît très-facilement que, de distance en distance, ils offrent divers soulèvements du N. au S. et de l'E. à l'O, car, ils forment çà et là des bancs tantôt inclinés, tantôt contournés en différents sens. Dans cet espace circulaire, prédominent les terrains secondaires et quelques échantillons du tertiaire. Le terrain secondaire se compose d'une couche calcaire de marne stratifiée, tendant en général vers la couleur bleue. Celui-ci, qui a une consistance très marquée et est d'avantage compacte, porte les empreintes de divers fossiles. Il y a en abondance du sable, de la roche siliceuse plus ou moins fine, plus ou moins micacée, tantôt jaune pâle, tantôt bleue. Lorsque les parties qui la composent sont plus distinctes, elle revêt l'aspect d'un véritable poudingue.

En parlant ci-dessus des bancs contournés, nous avons voulu indiquer la couche calcaire qui, en beaucoup d'endroits du territoire, acquiert une grande puissance et se trouve entrecoupée par des veines de spath.

Dans le terrain tertiaire, existe un vaste bassin d'argile jaune, propre à l'industrie du potier, et connue sous le nom de *figuline*. Elle constitue de grandes masses alternées avec de petits dépôts de sable et de cailloux, renferme des spécimens de diverses coquilles univalves ou bivalves, d'échinides, particulièrement de la *Briosopsis Genei*, comme aussi de nombreux débris de feuilles de Cotylédonées qui, par leur forme, rappellent la physionomie du platane et du chêne-vert.

Cette argile, ainsi constituée, s'étend de la colline du sanctuaire de N.-D. de la Côte, jusqu'à une partie de la vallée *Francia*.

Terminons ces quelques notions, en avertissant le lecteur que, dans les sédiments supérieurs, se rencontrent des bancs de cailloux conglomérés avec du sable, le tout cimenté avec des valves de *pectens* et d'huîtres.

§ 3 — Flore.

Mirti, cedri ed aranci e lauri il loco
E mille altri soavi arbori han pieno
Serpillo e persa e rose e gigli e croco
Spargon dall'odorifero terreno
Tanta soavità ch'in mar sentire
La fa ogni vento che da terra spire.

ARIOSTO.

Les climatologistes sont dans le vrai assurément, quand ils affirment que la végétation et la nature des plantes sont une preuve de la bonté du climat et de la fertilité du sol, et quand ils mettent hors de doute que San-Rémo, par la douceur de sa température et la fécondité de sa terre, se place à la tête de tous les pays liguriens. On admire sans cesse une végétation luxuriante qui semble être dans notre contrée le règne d'un printemps enchanteur, car nos bois et même nos roches arides fourmillent de pins verdoyants, mêlés de chênes et de hêtres ; et nos collines sont, comme nos vallées, couvertes d'oliviers verts, de limoniers, d'orangers, de cèdres, de palmiers et d'une innombrable variété de plantes et de fleurs qui répandent, à l'envi dans l'atmosphère, leurs suaves odeurs et leurs délicieux parfums, alors que, dans les zones hyperboréennes, le retour de l'hiver efface, par sa rigueur, les moindres traces de végétation.

§ 4. — Entomologie.

Si, comme nous l'avons dit ci-dessus, la végétation et la nature des plantes sont une preuve incontestable de la douceur de notre climat, la présence de certains insectes, propres aux pays chauds, en fournirait une autre démonstration palpable. En effet, nous appellerions en témoignage, parmi les Lépidoptères, le *Poliommatus ballus*, le *Carex iasius*, l'*Amphipyra effusa*, la *Polia cantaneri*; parmi les Coléoptères, l'*Epomis circumscriptus*, l'*Ateuchus sacer*, la *Cimelia muricata*, le *Coniatus tamarixi*, le *Lampiris italica* ; parmi les Orthoptères, le *Bacillus granulatus*, etc.

§. 5. — Thermométrie.

Ils s'abuserait étrangement celui qui se bercerait de l'espoir de rencontrer, sur ce globe terrestre, une température d'une constance durable et d'une perpétuelle immobilité ; à plus forte raison, celui qui, en arrivant à San-Remo, caresserait l'idée d'y jouir d'une température toujours chaude, d'un ciel sans cesse serein, d'une atmosphère exempte de toute perturbation. Fonssagrives dit à ce sujet : « un climat qui présenterait pondérés, dans une heureuse proportion, tous les éléments météorologiques utiles, et amoindris, autant que possible, tous ceux qui sont fâcheux, est un climat idéal qu'on peut chercher longtemps avant de le rencontrer. »

Les variations, auxquelles sont soumises, dans la limite de la modération, les conditions atmosphériques, purifient l'air, diminuent la charge de son poids, renforcent la santé. Le grand maître de la médecine, Hippocrate, attribuait la constitution athlétique des Européens à la variabilité de leur climat, et la mollesse des Asiatiques au cours régulièrement monotone de leurs saisons.

La moyenne de 'la température de nos saisons, d'après la *Météorologie Italienne* (1) a été de 1866 à 1874, la suivante :

9° 3 Centigr.	. . .	Hiver
14° 1	— . . .	Printemps
22° 6	— . . .	Été
16° 6	— . . .	Automne..

La température hibernale à San-Remo est donc une des plus chaudes d'Italie, sans être excessive en été, comme le fait tout d'abord supposer sa température élevée en hiver, parce que dans cette période estivale elle se maintient de 18 à 21° et n'outre passe jamais 24°, contrairement à ce qui arrive très souvent à Paris, Milan, Florence, Turin, etc. : dans ces villes la chaleur atteint quelquefois, en été, 36° et même 40° C.

Nous tenons comme fort rares les climats qui maintiennent une température stable et manifestent des oscillations thermométriques extrêmement peu sensibles, comme celui de San-Remo : chaud en hiver, frais en été et délicieux au printemps et en automne.

§ 6. — **Barométrie.**

L'élévation moyenne de la colonne barométrique à San-Remo, à 40 mètres au-dessus du niveau de la mer, est de $0^{m/m}753$, comme en tous pays de littoral. Les variations qu'elle présente durant l'année sont peu sensibles et oscillent ordinai-

(1) Publiée par le Ministère d'Agriculture, Industrie et Commerce.

rement entre 0,736 et 0,770. La plus grande élévation se pro-
duit en hiver, l'abaissement maximum, à l'approche des journées venteuses et pluvieuses, et principalement quand les
vents se contrarient entre eux ; l'élévation maximum est
donc ordinairement l'avant-coureur de belles journées.
L'abaissement du baromètre ne coïncide pas toujours avec
l'humidité et la pluie, et *vice-versá* ; car il s'élève parfois avec
le temps humide et pluvieux, et s'abaisse au contraire avec
un temps sec et beau.

Si les malades qui viennent dans notre cité ne trouvent pas
un climat perpétuellement constant, ils n'ont pas non plus à
craindre les fortes perturbations atmosphériques nuisibles à
la santé, comme il en existe ailleurs, mais plutôt quelques
oscillations légères, qui soulagent grand nombre de souffrances.

§ 7. — Hygrométrie.

L'atmosphère, à San-Remo, ne pêche ni par excès d'humidité, ni par excès de sécheresse. L'hygromètre de Saussure
varie en moyenne de 50 à 60°. L'humidité de l'air ne dépend
pas seulement de l'eau pluviale (puisque l'hygromètre marque une période presque identique dans les années de sécheresse et d'abondantes pluies), mais encore, comme il a été dit
plus haut, de l'évaporation de l'eau des torrents qui traver-
sent notre territoire et notre cité, puis de l'évaporation de
l'eau de la mer, toutes les deux déterminées par l'action des
rayons solaires.

L'humidité et la sécheresse dépendent aussi des vents maritimes qui soufflent sur la côte et poussent avec force certaines
vapeurs chargées d'une agréable humidité, en hiver, et d'une
délicieuse fraîcheur, en été ; de telle sorte que ces vents
font monter le thermomètre en hiver et descendre en été,
l'état hygrométrique de l'atmosphère leur étant générale-
ment subordonné. Les deux extrêmes de l'échelle hygrométrique, que l'atmosphère marque chez nous, sont 90° au maximum et 17° au minimum ; mais ces extrêmes se rencontrent

assez rarement, et il se passe souvent des années. sans que l'hygromètre descend au-dessous de 25 à 30° et dépasse 65 à 70°. Les plus grandes variations hygrométriques ont lieu dans les mois de septembre, octobre, janvier, février, mars; les moindres, en mai, juin, juillet et août.

Les valétudinaires n'ont rien à craindre ici de la rosée, car elle est rare et peu sensible dans nos parages; tandis qu'à Londres, Paris, Turin, Milan, Rome, Nice, etc., elle est abondante et très-sensible.

§ 8. — Pluie.

Ordinairement, la pluie ne tombe ici ni en abondance ni fréquemment, et parfois nous passons des mois entiers sans en avoir la moindre goutte.

En automne elle abonde, diminue en hiver et au printemps, manque en été. Quand cette dernière saison est très-sèche et que l'eau fait complètement défaut, nos récoltes souffrent et viennent très-difficilement.

Les jours de pluie, dans une année, sont ordinairement de 40 à 50 dans l'intérieur, répartis comme suit :

Automne, de 15 à 20 ; hiver, de 12 à 15 ; printemps, de 10 à 12 ; été, de 5 à 6.

On peut compter un jour pluvieux par chaque mois d'été et 250 belles journées dans le cours de l'année. La pluie annuelle s'élève à 720 millimètres environ, et les jours de soleil vont presque à 250, 260.

Du tableau comparatif des jours pluvieux et secs, dressé et publié par le médecin anglais Daubenis, en 1865, pour San-Remo, Bordighera, Menton, Nice et Cannes, il résulte que les jours de pluie sont ainsi répartis pour l'année :

San-Remo, 45 ; Bordighera, 45 ; Menton, 80 ; Nice, 60 ; Cannes, 52,

Ce qui assure à notre ville une préférence, en raison de la rareté de ses pluies.

§ 9. — **Brouillards.**

A Londres, à Paris, à Turin, à Milan, il y a des brouillards fort épais, qui mouillent les vêtements et les chemins, et interceptent les rayons solaires et la lumière ; mais à San-Remo il n'existe que de légères vapeurs qui, lorsque la nuit arrive, se dissipent à la surface de la Méditerranée, sans incommoder personne.

§ 10. — **Neige et Glace.**

Pendant beaucoup d'hivers il ne neige point sur nos montagnes, et pas davantage dans nos plaines, parce que les flocons, très-légers, se fondent rapidement.

En février 1875, il est tombé de la neige, sur tout le littoral, même à Menton et à Nice : San-Remo n'en a pas eu. Quelquefois en janvier et février, nos cours d'eau gèlent peu de temps. C'est que les petits glaçons, étant très-minces, ne résistent pas à la chaleur de la terre, et ils se liquéfient promptement.

§ 11. — **Grêle.**

D'ordinaire, la grêle tombe à San-Remo une fois tous les deux ou trois ans ; c'est tout au plus une petite pluie de grésil, mais en même temps inoffensive ; les grelons ne sont jamais ni gros ni impétueux, comme en Piémont, en Lombardie, en Toscane, en Romagne.

§ 12. — **Électricité.**

Il semble tout d'abord que l'électricité doit être accumulée dans notre atmosphère, en raison de conditions favorables à son développement, c'est-à-dire de la nature du sol, de la végétation, de l'évaporation de l'eau : toutes circonstances qui produisent en abondance le fluide électrique. Mais si l'on réfléchit que la mer, les montagnes et les collines qui nous environnent sont, d'autre part, de puissants conducteurs qui établissent un parfait équilibre avec le fluide de la terre, on sera vite convaincu du contraire. Ajoutons que les montagnes précitées, étant plantées de pins très-élevés, servent, par leur feuillage délié et aigu, à décharger, lors des tempêtes, les nuages de leur excès d'électricité.

Ensuite, ce n'est jamais sur nos demeures, mais bien sur mer et sur les forêts élevées que tombe la foudre, d'ailleurs rarement (cinq à six fois par an) accompagnée d'ouragans, attendu que les cimes couronnées de bois attirent l'électricité atmosphérique. Les tremblements de terre sont également rares ; ils sont inoffensifs et à peine sensibles.

§ 13. — Ozone.

S'il est vrai (bien que les attestations des hommes les plus compétents ne soient pas très-nombreuses), que l'ozone et l'électricité atmosphérique sont dans des rapports intimes et suivent une marche similaire, on est obligé d'avouer qu'ils se trouvent dans nos parages en bien minime quantité, et qu'ils exercent, dès lors, une très-faible influence sur l'économie animale. On ne peut mettre en doute que ces éléments n'agissent ici à des doses extrêmement petites, ce qui ne nous prouve pas non plus que l'ozone soit plutôt en raison directe de l'humidité atmosphérique et en raison inverse du degré de sérénité du ciel.

Que l'humidité de l'air à San-Remo soit très-faible, que le ciel y soit fréquemment serein et limpide, tout ce que nous avons dit précédemment le donne suffisamment à comprendre.

D'après l'opinion des savants, Schœnbein, Bœckel et plusieurs autres, l'ozone, quand il est en excès dans l'atmosphère, favorise les affections thoraciques et particulièrement la phthisie ; quand il manque, il favorise les maladies d'un

2

caractère adynamique et ataxique, ainsi que les épidémies. Comme toutes ces maladies sont rares ici, il est évident que San-Remo est un pays des mieux partagés à ce point de vue. Quoique pour nous l'influence de l'ozone sur l'économie animale soit encore un problème à résoudre, cependant le distingué D\ Breland écrit avoir observé à l'hôpital d'Umbalde (Bengale) que, quand la quantité de cet élément gazeux augmente dans l'air, tous les malades éprouvent de l'amélioration; mais qu'au contraire, s'il y a une rapide diminution de cet agent, il en résulte aussitôt un nombre triple d'entrants aux hôpitaux, avec prédominance très-marquée de rhumes, de grippes, d'affections catarrhales.

§ 14. — **Vents.**

San-Remo, assis au pied des Alpes, n'est point importuné par le vent du Nord, dont l'influence occasionne pendant l'hiver de si cruelles souffrances, et oblige les individus faibles, convalescents, infirmes, atteints de maladies intrathoraciques, et surtout des organes de la respiration, à prendre les plus minutieuses précautions.

Au N.-E., il est protégé par le *Cap-Vert*; par le *Cap-Pin*, au N.-O. Ces promontoires éternellement couverts de longues plantes vertes le défendent contre le mistral et le vent grec. Ce dernier, qui souffle avec violence, est le plus froid de tous les vents et le plus fatal à la santé. En quelques parties seulement, il domine avec assez d'intensité pour faire des dégâts dans les campagnes.

Les vents qui ordinairement, dans le cours de l'année, soufflent avec un peu de force, mais sans être offensifs, sont les vents d'Est, d'Ouest et de Sud. On ne saurait véritablement dire si le vent de Sud-Est est jamais violent; mais très-certainement le vent de Sud et celui de Sud-Ouest forment les tempêtes dans nos parages, bien qu'ils ne soient pas fréquents. Le vent d'Est, brise d'été, qui nous arrive de peu loin et plisse mollement les ondes marines, apporte un peu d'humidité et beaucoup de santé. Dans les belles journées d'été, ce vent varie suivant la position du soleil, mais il se fait toujours sentir légèrement.

Nous donnons ici un tableau des vents qui régnèrent à San-Remo en 1820, année qui se signala par le plus grand froid qui ait existé dans le siècle actuel :

MOIS.	N.	N.-E.	E.	S.-E.	S.	S.-O.	O.	N.-O.
Janvier	»	8	»	»	»	»	4	1
Février	»	8	2	»	»	»	5	»
Mars	»	7	2	»	»	»	1	1
Avril	»	4	9	»	»	»	3	»
Mai	»	3	4	»	»	»	11	»
Juin	»	2	10	»	»	»	»	7
Juillet	»	»	5	»	»	»	6	»
Août	»	»	9	»	»	»	14	»
Septembre .	2	»	11	»	»	»	6	»
Octobre	3	1	2	»	»	»	2	4
Novembre..	2	9	4	»	»	»	2	»
Décembre ..	1	3	»	»	»	»	9	6
TOTAUX .	8	45	58	»	»	»	64	19

En résumé, en 1820 , il a régné :

8 jours le N.
45 » N.-E.
58 » E.
64 » O.
19 » N.-O.

Total des jours de vent 194

Il convient de faire remarquer qu'en cette année-là (1820) le froid fit descendre le thermomètre à — 5° C. à San-Remo, à —10° à Nice, et que les vents du S.-E. au S.-O. cessèrent constamment. Ces vents soufflent très-rarement dans les trois-quarts de l'année, mais très-vivement en hiver, où ils produisent alors de véritables tempêtes sur mer.

Quant aux autres vents, il y a peu de variations habituelles dans la qualité de ceux qui sont notés dans le tableau ci-dessus ; seulement ils soufflent un petit nombre de jours et avec une force très-variable. Il est cependant à noter que quand, en automne, il tombe sur les Alpes et les montagnes voisines de la neige avec quelque abondance, les vents du Midi sont, par la présence de cette neige, presque toujours retenus et comme repoussés avec force, principale cause de trop fréquentes séche-resses, qui influent défavorablement sur la production agri-cole et sur la santé, parce qu'une forte pression atmosphérique est constamment maintenue, et qu'il en résulte une température rigoureuse et inaccoutumée. Si dans les premiers deux mois d'automne, il ne tombe pas de neige sur les Alpes et sur les Appenins, nous avons alors d'abondantes pluies, et par conséquent peu de froid l'hiver.

§ 15. — Lumière solaire.

Les étrangers, surtout les Anglais, éprouvent, en mettant le pied sur la terre san-remoise, un plaisir inexprimable et une merveilleuse satisfaction. Si, la nuit, ils regardent la voûte azurée du ciel, ils observent d'innombrables légions d'étincelantes étoiles. L'été ils sont vivifiés par une fraîche rosée et invités au sommeil par des brises d'une douceur infinie. S'ils examinent la lumière du jour, ils la trouvent, dix mois de l'année, d'un éclat brillant et tout à la fois réjouissant, et à de très-rares intervalles obscurcie par des nuages orageux.

Des observations météorologiques il résulte que sur 212 jours, du 1ᵉʳ octobre à fin avril, on en compte 83 sereins, 87 demi-sereins et 42 nuageux. De ces derniers, 34 sont pluvieux, chiffre remarquable qui place San-Remo au-dessus de tout le pays ligurien et de presque toute la péninsule.

La lumière est un énergique stimulant de tout organisme végétal ou animal. Sous son influence, les fonctions de la peau, de la respiration, de la circulation, tous les actes organiques prennent de la vigueur et prédisposent aux maladies dynamiques. La privation de la lumière rend, au contraire, les fonctions languissantes ; le système lymphatique domine d'une façon absolue, prédispose aux maladies adynamiques, aux cachexies, aux hydropisies, etc. Les agriculteurs n'ont-ils pas une constitution essentiellement différente de celle des citadins ? Les habitants des lieux élevés, des maisons élevées, des quartiers et des villes élevées ne présentent-ils pas un contraste frappant avec les habitants des terrains bas, des maisons basses, des rues étroites, etc. ?

Sous l'influence de la lumière, les plantes fixent le carbone du gaz acide carbonique répandu dans l'atmosphère et prennent du développement : mais sans la lumière, aucun végétal ne croît. En réalité, les plantes ne sont créées que par la lumière. Par elle, la nature se révèle à notre regard, azurée dans l'air, bleue dans la mer, pourpre dans la rose, blanche dans le lys, pâle dans la violette, verdoyante dans l'herbe, etc.

§ 16. — La Mer.

Qui ne se sent point pénétré d'un ravissement extatique , quand il jette un regard sur notre littoral où vient battre une mer d'une étendue illimitée, de couleur céleste, tranquille , parsemée de plis argentés sous l'action des brises timides, et jamais tourmentée par les violences de la tempête ? « Comment, s'écrie le docteur Burggraêve, n'être pas émerveillé à la vue de ces deux océans, roulant l'un sur l'autre, et également resplendissants de leurs feux scintillants et de myriades d'animalcules phosphorescents ? »

Voilà la répartition des jours de calme, d'agitation, de violence : mer calme 232 — agitée 67 — violente 64.

Les jours de mer calme durent du mois de mai au mois d'octobre ; ceux de mer violente, d'octobre à la fin de décembre ; ceux d'agitation , occasionnés par les vents Sud-Est et Sud-Ouest, se présentent de janvier à la mi-mai. Nous n'avons point sur notre rivage ni sur la côte ligurienne , ces marées lunisolaires et tempétueuses qui bouleversent l'Océan.

§ 17. — Conditions hygiéniques.

« J'émets le vœu que l'hygiène pratique soit introduite dans
« l'Education générale. Je désire qu'un jour chacun sache ce qu'il
« lui importe le plus de connaître : l'art de conserver la santé. »
MONOUES. — *Journ. de la Soc. de Méd. pratiq. de Montpellier.*

Pour établir notre luxe de places grandes et petites , nos pères ont certainement obéi aux bonnes traditions de l'expérience en matière d'institutions hygiéniques. Au Sud, près le chemin de fer, il y a une vaste place dite *Sardi*, le jeu de paunie, ombragée en partie par des ormes séculaires; elle a pour limite la place *Bresca*.

Au centre de la ville se trouve la place *Albert Nota*, contiguë à une autre appelée *Cassini*. Il faut citer aussi la place de *Mercato*, ayant à son centre une magnifique fontaine, ombragée par de gigantesques platanes, alternant avec des marroniers d'Inde, ce qui la rend fraîche et salubre.

Entre ces places se détache celle de *St-Siro* à l'Ouest, bordée par quatre églises, de superbes maisons, et récemment pavée.

A la limite Ouest de la ville, il y a près du jardin public, la place des *Capucins*, parsemée d'ormes au feuillage épais.

A l'Ouest encore, sur une délicieuse colline, s'étend la place *Saint-Bernard*, entourée d'oliviers séculaires, d'agréables vignobles; prochainement elle sera embellie de platanes, d'eucalyptus, et de marronniers d'Inde, qui formeront un abri contre les vents du Nord et d'Occident.

Au nord de la cité, on admire la place *Rondo dell'Assunta*, complantée d'ormes vigoureux, de marroniers et d'oliviers, d'où la vue se repose agréablement sur un groupe d'habitations champêtres, de gracieuses villas, qui semblent surgir d'un massif épais de fleurs variées et jouissent d'un air pur, embaumé et vivifiant.

Pour éviter les ennuis de descriptions minutieuses, nous passons sous silence d'autres places d'une moindre importance, et les utiles promenades que nos édiles ont édifiées. Il en est encore une qui mérite d'être mentionnée; elle s'étend le long du rivage méditerranéen, à peu de distance du chantier, près du château fort, le *Corso al mare*, peuplée d'ormes touffus, bien qu'un peu dévastée par le voisinage du chemin de fer.

Nous n'oublierons pas de citer la promenade de la porte orientale, le *Cours Garibaldi*, entouré de gracieux jardins, de platanes élevés, de magnifiques marronniers d'Inde, qui, aux approches du printemps, répandent leurs odeurs embaumées et offrent en été leurs agréables ombrages.

A la porte occidentale, il y a une promenade jadis nommée *S.-Rocco* et aujourd'hui le *Cours du Midi*, fréquentée par de nombreux visiteurs, surtout les jours de fête. Un autre, toute nouvelle, *la Promenade à la mer*, flanquée, à la partie septentrionale, d'une haie d'orangers, de citronniers, de palmiers, est bornée au midi par la mer Méditerranée. Il en est, enfin, une cinquième, la plus fréquentée de toutes, appelée *Victor-Emmanuel* : parsemée çà et là de potagers, de jardins, de villas, et avec la vue de la mer, traverse la ville et se prolonge sur une assez large parcours de l'Est à l'Ouest.

Enfin la promenade la plus délicieuse, bien qu'un peu pénible, est celle qui conduit à San-Romolo et au Mont Bignone. Sur le trajet, on rencontre l'Eglise de l'Assomption, puis celle de l'Apôtre St-Jacques. En la regardant vers le nord, on aperçoit dans un bocage voisin une habitation et l'oratoire St-Michel, édifiés par l'illustre Comte Tuffetti, qui y rendit l'âme à l'âge de 70 ans. Au printemps, cette promenade est très fréquentée par les étrangers, surtout par les cavaliers.

Le docteur Andréa Carli, jadis syndic de la ville, toujours préocupé du bien être de ses administrés, qui n'avaient pour se désaltérer que l'eau impure et limoneuse des puits ou des citernes, source de maladies endémiques, de fièvres typhoïdes, de gastro-entéropathies, et d'affections vermineuses (tœnia), procura en 1828 à son pays natal de l'eau salubre et potable, répartie en cinq magnifiques fontaines érigées sur autant de places publiques très spacieuses.

Grâce aux soins du Commissaire de la vaccination, M. Bartoloméo Améglio et d'autres zélés médecins sanitaires, l'inoculation jennérienne est bien répandue dans l'arrondissement, et l'on n'y compte que de très-rares cas de variole et de varioloïde.

L'Asile de l'Enfance Corradi satisfait tous nos désirs au point de vue de l'étendue, de la propreté, de la tenue et de l'administration.

Les écoles supérieures et les lycées sont spacieux, bien aérés, et à tous les points de vue, dans d'excellentes conditions hygiéniques : mais l'école communale des garçons et l'école maritime manquent d'espace et d'air, ce qui est toujours une cause d'insalubrité et pourrait devenir funeste aux jeunes gens et aux petits enfants.

Les prisons ont été, sur un très judicieux avis, transférées du centre de la ville dans le fort situé au bord de la mer.

L'hôpital civil est bien exposé, suffisamment spacieux et aéré ; mais, en raison de sa proximité trop grande des habitations, il pourrait, au cas d'une épidémie, porter atteinte à la santé publique. L'hôpital des lépreux, en dehors de la porte du Nord, mais à peu de distance de la ville, est installé avec tout le nécessaire et conformément aux lois sanitaires.

Le cimetière, peu éloigné à l'ouest, paraît très suffisamment étendu, proportionné aux exigences de la cité, même en cas de très grave épidémie ; et bien qu'il ne soit pas assis sur un terrain calcaire et sec, il est cependant très convenable pour l'inhumation.

Il est à désirer que, en raison de son extrême proximité de la route nationale et de diverses maisons de campagne, et pour d'autres puissants motifs de salubrité publique, le conseil municipal choisisse un autre emplacement au nord de la contrée, plus convenable pour les cérémonies funéraires et l'hygiène publique.

Dans les années précédentes, l'autorité faisait éclairer les voies publiques au moyen du pétrole ; mais elle l'a, depuis et très avantageusement, remplacé par le gaz. Les indigents, se servent encore du pétrole dont la fumée et les exhalaisons vicient l'air ; noircissent la langue et les dents et font expectorer des matières d'un bleu-noirâtre. Les familles aisées l'ont adopté aussi au grand désavantage de leur vue et de leur santé. Et pourquoi ne reviendrait-on pas à l'usage de l'huile d'olive, d'un prix un peu plus ou un peu moins élevé, mais d'une plus grande et d'une plus certaine utilité ?

Dans un but d'intérêt public, la ville aura à construire un abattoir général, à deux ou trois cents mètres de distance des habitations, afin d'éloigner de nous les luttes et les mugissements des victimes, le bruit des tueries, les tristes spectacles et les odeurs repoussantes qui affectaient péniblement nos sens et notre cœur.

Les balayeurs devraient aussi arroser, pendant l'été, la voie publique avec le plus grand soin, afin qu'il ne s'élève point

du sol ces nuages de poussière, source permanente de déman-
geaisons aux yeux et à la gorge, de toux fatigante, de bronchite et d'une foule d'autres incommodités. Il devrait encore
être défendu, surtout pendant la canicule, de laisser les
balayures, les chiffons, les ordures et autres matières fermen-
tescibles dans l'intérieur de la ville, afin de prévenir les
odeurs fétides et les dangers qui en résulteraient pour la
santé publique.

Les locataires doivent être tenus d'éloigner des appartements
respectifs les saletés et résidus de toutes sortes, et d'établir à
chaque étage une trémie (auge) destinée à les recevoir. Les
habitations les plus récentes devraient être garnies de
Water-Closets, avec tuyaux d'eau ; pour atténuer le plus
possible les miasmes pernicieux, les latrines seront placées en
dehors de la maison, munies de petites fenêtres pour faciliter
la ventilation et l'éclairage : les siéges et les conduites très
fréquemment lavés et tenus en parfait état de propreté ; les
murs seront peints à l'huile et au blanc de zinc, et le pavage
en marbre.

Pourquoi montrons-nous tant d'insouciance à mettre en
pratique les moyens correctifs des exhalaisons méphitiques,
que le souci de notre santé a fait adopter sous le nom de
vespasiennes ou d'urinoirs dissiminés sur tous les points d'une
ville ? Pourquoi ne pas utiliser à ce sujet la force motrice
donnée par les cours d'eau ? Pourquoi ne pas propulser ainsi
dans l'arrondissement les liquides des égoûts, vers les endroits
marécageux, argileux et les y mélanger, afin d'éloigner de
nous les maladies endémiques épidémiques et contagieuses ?

Nous mentionnerons aussi la nécessité de nommer un
médecin vérificateur des décès (1).

Nous renonçons à nous étendre davantage sur le sujet du
présent chapitre, et nous recommandons aux conseillers mu-
nicipaux de San-Remo de se hâter de mettre en pratique les
conseils hygiéniques sus indiqués. Nous espérons qu'à
l'avenir nos désirs ne resteront pas à l'état de simples vœux.

---

(1) Notre désir a été accompli depuis l'envoi de cette notice.

Les étrangers valétudinaires qui désirent la guérison de leurs souffrances et la jouissance de toute sorte de bien-être, feront sagement d'habiter San-Remo, du commencement d'octobre à la fin de mai. Ils passeront ensuite l'été dans le frais ermitage de Saint-Romulus, au voisinage duquel on a construit d'élégantes demeures. Ils y auront toute facilité de traverser les Appennins, de visiter le lac Majeur, la Suisse, les Alpes, ou de séjourner l'été à Lucques, cité également favorable aux malades atteints de tuberculose et d'autres affections chroniques.

18. — Maladies dominantes.

> *« Anche la speme, ultima Dea fugge i sepolcri. »*
> Ugo Foscolo.

Nous parlerons brièvement des maladies saisonnières et non-saisonnières, contre lesquelles il convient, autant qu'il est possible, de se prémunir.

A San-Remo, comme dans toute la contrée ligurienne, l'année se divise en quatre saisons régulières : trois mois d'*hiver*, trois de *printemps*, trois d'*été* et trois d'*automne*. Comme l'hiver, ici, n'est pas rigoureux, il n'a pas d'affections qui lui soient spéciales. Ainsi, nous ne considérons pas comme telles, le *rhume*, le *coryza*, la *synoque*, l'*angine*, la *pneumonie*, la *bronchite*, maladies qui sont le plus ordinairement légères, de courte durée et déterminées par la succession des vents de différente température. Bien plus, les affections chroniques résistent au froid même le plus intense, et ramènent rarement quelques valétudinaires à un fâcheux état.

La plus critique des saisons est *le printemps*. Toutes les fonctions organiques, assoupies l'hiver par le froid, se réveillent au printemps, sous l'accroissement de l'activité de la circulation sanguine, et la vie se révèle alors dans toute sa puissance. Les affections chroniques, les phlegmasies lentes, qui paraissaient assoupies dans les autres saisons, courent les plus grands risques au printemps, parce que précisément, à

cette époque de l'année, les maladies se ravivent et se renforcent, et qu'une fois ainsi redoublées elles prennent une
marche rapide et fatale. La chaleur n'a pas de plus fâcheux
effets, et il se rencontre excessivement peu de maladies
propres à l'*été*. Tout au plus, observe-t-on de légères cépha-
lalgies, des congestions cérébrales, des troubles gastro-intes-
tinaux et des flux diarrhéiques. Ces derniers, chez les enfants
surtout, forment le chiffre un peu élevé de la mortalité.
L'énergie vitale, répartie en quelque sorte par la chaleur estivale sur toute la périphérie du corps, se trouve concentrée
par l'humidité et la fraîcheur de l'*automne*, et c'est ainsi que
sont favorisées la production et la diffusion des flux intesti-
naux, rarement des fièvres gastro-typhoïdes de nature ataxique, et plus rarement encore de la coqueluche et du croup.

N'ayant ici ni étangs, ni marais, ni autres foyers d'infec-
tion, nous ne voyons pas prédominer dans notre pays les
endémies de fièvres périodiques, de fièvres ataxiques ou de
toute autre espèce. On y trouve très-peu de cas de scrofule, de
rachitisme, de phthisie, d'hydrophobie, de bronchocèle, de
cardiopathie, d'apoplexie, de folie, de paralysie, de névro-
pathie, de gravelle, de rhumatisme, de goutte, d'hystérie,
de stérilité et de syphilis. Le plus ordinairement, les fièvres
intermittentes guérissent d'elles-mêmes, sans le secours des
préparations de quinquina. La scrofule et le rachitisme affli-
gent spécialement l'enfance et disparaissent à l'âge de la pu-
berté. La syphilis, à part quelques exceptions, est bénigne et
facile à guérir. L'apoplexie frappe surtout la classe pauvre qui
fait abus du vin et des liqueurs alcooliques. La phthisie pulmonaire, outre qu'elle s'observe rarement chez les indigènes,
ne prend jamais la forme aiguë ou galopante, coupe rarement
le fil de la vie, si ce n'est chez quelques malheureux, et à la
plus extrême vieillesse. Les épidémies sont très-bénignes, de
peu de durée et très-rares. On excepte le choléra asiatique qui,
en 1837, a fait des victimes, et le typhus, dont les ravages, en
1846, furent quelque peu meurtriers.

Ces bienfaits nosologiques proviennent essentiellement de
l'influence du climat san-rémois, attendu que peu de person-

nes succombent à la phthisie, tandis que le contraire a lieu dans d'autres stations hibernales célèbres, comme l'a dit l'illustre Andral : « A Nice, dit-il, dont le climat est si vanté et où vont séjourner tant de phthisiques, cette maladie enlève un septième des malades ; à Gênes, un sixième ; à Naples, un huitième ; à Milan et à Rome, un vingtième. »

§ 19. — Mortalité.

Bien que San-Remo sóit peuplé de 12,000 habitants, sans compter.la colonie étrangère, la mortalité y est faible, en raison du chiffre de sa population ; et cette ville surpasse, par la longévité de ses habitants, beaucoup des plus célèbres cités du pays italien, auquel la mer et les Alpes font une riche ceinture protectrice. La confirmation de cette assertion va ressortir clairement du tableau des naissances et des décès qu'ont mis très-gracieusement à ma disposition l'Administration civile et les.Curés de San-Remo, Don Goglioso, Don Bottini, Don Rambaldi et Don Cuneo, du village de Verezzo.

Décès survenus dans le district de la paroisse de Saint-Siro de 1864 à 1874.

ANNÉES.	TOTAL des décès.	Janvier.	Février.	Mars.	Avril.	Mai.	Juin.	Juillet.	Août.	Septembre.	Octobre.	Novembre.	Décembre.	Morts à 80 ans.	Morts dans les 7 1res années.
1864. ...	74	7	15	9	7	3	5	5	8	1	3	6	5	12	31
1865....	73	4	5	2	2	5	10	9	11	5	9	6	5	7	31
1866....	68	4	4	5	2	4	4	8	11	8	4	4	8	2	27
1867....	84	12	10	4	5	6	9	6	2	6	5	7	12	13	28
1868....	90	9	11	6	7	7	7	7	13	5	8	8	5	14	34
1869....	81	7	8	5	5	4	9	4	8	3	6	7	15	8	32
1870....	100	13	12	10	4	7	11	11	8	5	9	3	7	5	36
1871....	100	9	4	11	6	10	12	8	10	5	10	3	12	8	41
1872....	87	7	2	7	10	11	5	3	9	7	8	9	9	6	28
1873....	103	12	10	3	6	10	8	15	11	5	4	12	7	6	41
Totaux .	860	84	81	62	54	67	80	76	91	50	66	65	85	77	329

Décès survenus dans le district de la paroisse des Anges de 1864 à 1874.

ANNÉES.	TOTAL des décès.	Janvier.	Février.	Mars.	Avril.	Mai.	Juin.	Juillet.	Août.	Septembre	Octobre.	Novembre.	Décembre.	Morts à 80 ans	Morts dans les 7 1res années.
1864....	81	6	18	6	6	6	9	3	8	4	4	7	4	9	31
1865....	73	5	6	5	5	2	4	14	15	6	2	6	3	10	25
1866....	53	4	2	3	2	4	6	9	7	4	3	4	5	6	32
1867....	59	5	6	3	7	6	4	6	3	9	1	4	5	10	14
1868....	55	7	4	5	1	8	5	5	4	5	4	3	4	8	22
1869....	71	2	3	11	7	9	7	4	6	6	9	5	9	7	25
1870....	89	8	11	7	8	8	11	8	6	3	5	5	8	4	39
1871....	64	5	6	6	3	5	3	4	11	4	5	5	7	6	21
1872....	80	8	10	7	6	9	6	8	10	4	6	5	8	6	27
1873....	81	7	7	5	7	7	7	11	6	6	2	6	10	8	28
Totaux.	634	57	73	58	52	64	62	72	76	51	41	50	63	72	264

Décès survenus dans la paroisse de Saint-Joseph de 1864 à 1874.

ANNÉES.	TOTAL des décès.	Janvier.	Février.	Mars.	Avril.	Mai.	Juin.	Juillet.	Août.	Septembre	Octobre.	Novembre.	Décembre.	Morts après 80 ans.	Morts dans les 7 1res années.
1864....	65	7	8	3	6	2	6	11	6	5	2	3	6	8	27
1865....	78	7	3	9	7	1	3	11	11	6	7	7	6	8	34
1866....	60	4	3	7	3	2	9	4	10	5	7	1	5	7	30
1867....	55	3	6	7	7	5	5	2	5	4	1	6	4	3	19
1868....	61	6	5	3	1	1	7	6	9	5	6	6	6	6	29
1869....	54	7	5	3	6	3	3	8	3	3	4	6	9	5	25
1870....	84	11	10	5	10	7	6	12	4	5	6	4	4	7	44
1871....	66	11	3	6	5	13	5	5	6	3	1	3	5	4	31
1872....	76	7	7	5	3	4	2	17	9	9	3	4	6	»	40
1373....	69	5	6	6	5	7	7	11	3	4	4	7	3	8	33
Totaux.	668	68	56	54	53	45	53	87	66	49	41	47	54	56	312

Décès survenus dans la paroisse de Saint-Donat-de-Verezzo de 1864 à 1874.

ANNÉES.	TOTAL des décès.	Janvier.	Février.	Mars.	Avril.	Mai.	Juin.	Juillet.	Août.	Septembre.	Octobre.	Novembre.	Décembre.	Morts après 80 ans.	Morts dans les 7 1res années.
1864....	18	»	1	3	4	2	»	1	3	1	1	»	2	»	7
1865....	17	1	1	3	2	»	»	»	4	2	2	1	1	3	6
1866....	17	1	»	2	2	»	1	5	1	1	2	1	1	2	10
1867....	32	4	8	1	1	1	3	1	1	2	3	2	5	3	13
1868....	34	»	1	2	4	4	5	5	3	5	3	2	»	1	22
1869....	18	2	»	1	»	1	1	1	2	4	4	3	1	»	9
1870....	44	»	23	3	1	2	1	2	1	2	2	1	6	1	20
1871....	27	2	3	2	»	1	5	3	2	1	3	5	»	1	17
1872....	24	1	1	1	1	1	3	6	1	»	5	2	2	1	10
1873....	21	2	2	2	»	»	1	1	4	2	4	1	2	2	11
Totaux.	252	13	40	20	15	12	20	25	22	20	29	18	20	14	125

Si nous confrontons ensuite la mortalité de San-Remo avec celle de beaucoup d'autres cités très-renommées d'Italie et même d'Europe, nous reconnaîtrons, comme le montre très-clairement le tableau suivant publié par des hommes dignes de foi, que le chiffre des décès est ici moins élevé que partout ailleurs :

France	1 mort sur	40 habit.	Lyon	1 mort sur	32 habit.
Naples........	1 »	35 »	Strasbourg....	1 »	32 »
Prusse........	1 »	33 »	Barcelone.....	1 »	32 »
Wurtemberg..	1 »	33 »	Berlin	1 »	34 »
Lombardie-Vénétie....	1 »	28 »	Madrid	1 »	39 »
Londres......	1 »	40 »	Rome.........	1 »	25 »
Birmingham ..	1 »	43 »	Amsterdam ...	1 »	26 »
Nice..........	1 »	31 »	Vienne........	1 »	23 »
Livourne......	1 »	35 »	Lisbonne	1 »	30 »
Paris	1 »	32 »	Menton.......	1 »	45 »

San-Remo........ 1 mort sur 50 !

§ 20. — Propriétés du climat de San-Remo.

« Les médecins ne peuvent plus se borner à l'étude
« des maladies ; ils doivent aussi étudier les climats et
« connaître ceux qui sont capables de modifier un état
« pathologique, de quelque nature qu'il soit. »
BOTTINI.

Après avoir attentivement examiné la position, la nature, la végétation, la météorologie de notre pays, et affirmé que l'atmosphère de la plaine près de la mer, comme celle des points élevés, y est pure, sèche, oxygénée, agréable, électrisée, vivifiante, nous pensons que le climat de San-Remo est *toni-que-hypersthénisant*. Assurément les individus y sont, de par l'influence climatérique, doués d'un tempérament tendant au sanguin, prédisposés et sujets à de légères et rares bronchites, pneumonies, hémoptysies, catarrhes bronchiques et à d'autres maladies sthéniques. Ce climat plait aux homopathies organiques et non-organiques, qui attaquent le mouvement et engourdissent les organes sensoriaux, et principalement à la tuberculose torpide, à la scrofule, à l'anémie, au rhumatisme chronique et aux maladies de cette nature.

Tout au contraire, l'air des vallées est calme, égal, humide, moins oxygéné que celui de la plaine et des collines : aussi nous partageons l'opinion qu'il est plutôt *hyposthénisant* et en même temps *sédatif*. A la vérité, dans cette localité, les tempéraments sont lymphatiques ou tendent au lymphatisme ; les phlegmasies de l'espèce, en tête desquelles se placent les thoraciques, non-seulement sont très-rares et ne revêtent point la forme aiguë, mais encore, dans les inflammations lentes des appareils respiratoires et cardiaques, dans les pneumopathies et les cardiopathies organiques, et surtout très-distinctement dans la tuberculose pulmonaire érectile, on éprouve de notre climat un incontestable avantage.

L'atmosphère susmentionnée est profitable aux maladies nerveuses avec sensibilité exaltée, et plus encore aux affections nerveuses sthéniques de l'appareil respiratoire, de l'encéphale et des viscères abdominaux. D'ailleurs, la tranquillité, le silence qui règnent ici concourent puissamment à modérer, ralentir l'action organique. Les habitants des métropoles, obligés de vivre au milieu du bruit et du désordre, sont souvent martyrisés par des affections nerveuses, avec l'intime conviction que c'est bien de là qu'elles tirent leur origine.

Les affections des viscères intrà-thoraciques, et particulièrement des organes de la respiration (surtout celles d'une nature mortelle), tourmentent très-fréquemment la classe riche. Il incombe ici à ceux qui apprécient les bienfaits de l'hygiène, de l'étudier à fond, afin d'en faire de méthodiques applications du climat à la guérison, si toutefois elle est possible, tout au moins à l'adoucissement des souffrances et à la prolongation de l'existence des individus incurables. Aussi, par la raison que ceux qui appliquent cette science guérissent ou soulagent, nous croyons convenable de passer rapidement en revue les maladies dans lesquelles notre climat exerce sa bienfaisante influence.

§ 21. — Climatothérapie, ou maladies dans lesquelles le climat de San-Remo est utile.

« Applicare prudenter médicamenta pro varia œgrorum
constitutione et morbi conditione, boni medici est. »
HOFFMANN.
« Naturam morborum curationes ostendant. »
HIPPOCRATE.

Pleurodynie. — Pleurite. — Angine. — Bronchite. — Péripneumonie. — Catarrhe chronique. — Phthisie pulmonaire. Hémoptysie.—Cardite.—Péricardite aiguë et chronique.—Endocardite. — Hypertrophie du cœur. — Hypertrophie des ventricules, gauche ou droit. — Palpitations nerveuses du cœur. — Palpitations chlorotiques. — Emphysème. — Empyème. — Anémie. — Scrofules. — Rhumatismes aigu et chronique.

§ 22. — De l'air marin.

« Oui, allons à la mer le plus souvent que nous pour-
rons, car la santé est là. »

Dr BURGGRAEVE.

Dès le premier vagissement jusqu'au dernier souffle de la vie, nous sommes plongés dans un vaste océan d'air, le *pabulum vitœ*. Il caresse la surface de notre corps, s'insinue dans les cellules les plus reculées de la substance pulmonaire, pénètre, de là, dans les labyrinthes les plus cachés de notre chair, de nos os, du cerveau, apportant avec lui le bien et le mal que lui donnent la nature et les hommes. Nous y sommes plongés sans pouvoir en sortir; nous tombons malades par son absence rapide ou lente, semblables au poisson qui, plongé aussi dans l'eau sans pouvoir en sortir, ne saurait rester en dehors le temps d'un clin-d'œil, nage, rémue et meurt.

Dans l'air la vie est, pour des raisons multiples, sujette à être viciée, parce qu'il contient un poison qui lui est fatal au plus haut degré.

C'est pourquoi il est de la plus haute importance de faire attention à ses altérations, à son influence sur notre santé.

Notre air marin, par cette raison qu'il n'est point violemment agité par les aquilons et qu'il est pur et frais, convient, à l'instar de celui de Menton, Cannes, Nice, Alger, pour fortifier l'organisme et le rendre sain. Hippocrate a dit à ce sujet : « *maritimus locus ad sanitatem commodus est.* » Aussi, par ses qualités bienfaisantes, par l'heureuse combinaison de ses principes médicamenteux, (ozone, iode, brôme, chlorure de sodium, etc.,) que lui ont reconnues les principales autorités médicales des temps anciens et modernes, l'air maritime exerce une influence salutaire sur les affections thoraciques, et en particulier sur la tuberculose.

Laënnec rapporte que certains tuberculeux furent parfaitement guéris après avoir longuement respiré l'air maritime;

et, intimement persuadé de la vérité de ce fait, il n'hésita point, pendant les hivers de 1824 et 1825, à disséminer autour des lits de quelques tuberculeux, des masses de varech (*fucus vesiculosus*), humectées de temps à autre, et il en tira les plus grands avantages. Une foule de praticiens éminents, s'appuyant sur leur expérience personnelle, ont préconisé l'île de Madère comme le lieu le plus propre à arrêter et à modifier avantageusement le développement de la tuberculose pulmonaire, et même à la faire entièrement disparaître.

En vérité, si nous consultons l'histoire nous verrons que les habitants des zones tempérées voisines de la mer, les flottes, les ouvriers des salines, bien moins que les armées, sont disposés à la tuberculisation, c'est-à-dire à la phthisie pulmonaire et autres affections chroniques de semblable nature.

Quelques médecins, justement distingués par leur jugement et leurs doctrines, osent, il est vrai, contester ou nier que tant d'admirables effets dépendent, en réalité, des substances salines suspendues dans l'atmosphère marine, parce que, disent-ils, elles s'évaporent et sont absorbées par les rayons solaires. A notre avis, pareille théorie n'a aucune apparence de vérité. Suivez, en effet, les arbres, et principalement les oliviers plantés presque sur le bord de la mer, et vous constaterez, à coup sûr, qu'ils sont dépouillés de leurs feuilles vertes, dévorées par les particules salines. Gillebert d'Hercourt a conclu, d'après ses expériences personnelles, qu'il existe dans le voisinage de la Méditerranée une zone atmosphérique saturée de particules salines. Lisez Dutrouleau, et vous verrez que, après de minutieux et patients examens de l'urine de quelques malades hospitalisés fort longtemps sur le bord de la mer, il a constaté que chaque litre de ce liquide excrété contient 7 grammes 80 de chlorure de sodium; introduits dans l'organisme par les voies respiratoires. Quiconque a navigué ou s'est promené sur le bord de la mer quand elle était agitée ou bouleversée par la tempête, et s'est à ce moment passé la langue sur les lèvres et sur le dos de la main, a certainement constaté, par la saveur saline, l'eau poudroyée sur ces parties.

Dans la corporation très-nombreuse des disciples d'Hippocrate, il a existé des intelligences élevées qui, non-seulement
ont nié la présence de particules salines dans l'air maritime,
mais même ont mis en doute la propriété d'éléments propres
à atténuer la scrofule, la tuberculose et autres maladies
chroniques diverses. Nous constatons, au contraire, que
parmi ces éléments figure, ce qui est digne de remarque,
le sel marin, appelé par les chimistes, *chlorure de sodium* ou
muriate de soude, qui s'y trouve dans la proportion de 5 0/0,
et que son influence sur l'économie humaine l'a fait ranger
parmi les condiments, bien mieux, parmi les aliments indis-
pensables à notre existence.

Tel est aussi l'avis de Barbier, d'Amiens, qui, pour conserver
l'intégrité et la vigueur de nos tissus, prescrit de faire entrer dans notre organisme une quantité proportionnelle de sel
commun (de 12 jusqu'à 30 grammes) pour un adulte. À l'appui de son conseil, il rappelle que certains vassaux, en Russie,
désaccoutumés de l'usage du sel marin par la lésinerie et
l'ignorance de leurs maîtres, durent bien vite le reprendre,
parce que, atteints de faiblesse excessive, d'anémie, de pâleur
et d'amaigrissement, ils tombèrent dans un état de langueur
fâcheuse et furent bientôt menacés de phthisie. C'est encore
l'opinion du docteur Gollard ; ce médecin rapporte, dans ses
écrits, que diverses congrégations monastiques, ayant dimi-
nué, dans un but d'économie inconsidérée, la quantité de sel
dont elles faisaient usage, réduisirent bientôt leur santé au
plus misérable état de dépérissement.

L'administration du sel ordinaire est donc utile pour com-
battre et vaincre l'anémie et la tuberculose, puisqu'il active
l'appétit, la digestion, l'assimilation des substances alimen-
taires et l'hématose. Des médecins d'un grand mérite et d'un
profond savoir, tels qu'Amédée Latour, Bedves, Caron, Vil-
lemin, Pollet, Sales-Girons, etc., ont vanté l'usage du sel
pour enrayer et guérir la tuberculose et autres maladies, et
n'ont tenu aucun compte de l'opposition que leur faisaient de
puissants adversaires. Amédée Latour le prescrit dans le lait
de chèvre et dans le bouillon, à la dose de 2 à 5 grammes, et

de 15 à 30 grammes dans les boissons ordinaires. Caron rappelle qu'en Suisse, où les vaches mangent beaucoup de sel, l'étisie est rare. Sales-Girons l'administre aux tuberculeux en leur faisant respirer de l'eau de mer poudroyée à l'aide d'un instrument dont il est l'inventeur. En 1857, il a fondé à Pierrefonds un vaste établissement destiné à la pulvérisation de l'eau marine. Il reçut, à cet effet, les chaleureuses félicitations de l'Académie de médecine de Paris, pour ses efforts à imiter en petit ce que la mer fait en grand quand elle brise ses puissantes vagues contre les rochers et sur les plages.

§ 23. — Navigation.

« Les vaisseaux qui naviguent au large, ont ordinairement peu de malades. »
KÉRAUDREN.

« Que ceux dont les travaux de l'esprit ont épuisé « l'énergie morale et physique aillent demander à la mer « une énergie nouvelle. »
Dr BURGGRAEVE.

Si l'eau de la mer, en s'évaporant et en se pulvérisant contribue largement à maintenir la fraîcheur et la pureté de l'air dans les lieux placés sur ses bords, et si elle reste ainsi très-utile dans la phthisie, la navigation tranquille et par des temps calmes, pratiquée surtout pendant l'été, nous semble bien préférable, par l'influence permanente sur l'organisme, et notamment sur la phthisie pulmonaire et autres maladies précitées, à l'air même que l'on respire dans les cités près des eaux marines. En effet, l'air que l'on absorbe en pleine mer est bien plus pur et bien plus efficace, il est presque toujours égal, continuellement renouvelé par les vents, jamais il n'est souillé par la poussière, ni par des exhalaisons ou miasmes infects, comme cela a lieu sur la terre ou sur les côtes, par l'effet des plantes ou des matières organiques en décomposition. C'est pourquoi les médecins de tous les pays vantent, et avec raison, l'air de la haute mer, comme un baume pur et stimulant pour les poumons sains et malades.

Hérodote, appelé dans la littérature classique le père de l'histoire, a formellement décrit les avantages médicaux des voyages maritimes, bien avant Hippocrate, le père de la médecine. Il établit une règle fort sage pour effectuer la navigation : d'abord un voyage de 60 kilomètres environ ; puis, tout doucement, on augmentera jusqu'au double.

Que dire d'Aristote qui, en philosophant, montre la plus grande partie des navigateurs devenus, par cet air toujours pur et renouvelé, gras et colorés, robustes, courageux, fiers, à l'inverse des habitants des localités humides et marécageuses ? Que dire de Celse, coryphée des empiriques asclépiades, qui, dans son ouvrage très-renommé, intitulé : *De re medica*, affirme que la toux, de n'importe quelle origine, la phthisie pulmonaire et autres maladies graves, se dissipent par des voyages lointains par terre et sur mer, par l'habitation maritime, dans des climats doux et constants? Et Pline le Vieux qui, dans ses recommandables ouvrages, vante pour la santé la navigation, et cite, à l'appui de son opinion, l'éclatant exemple d'A. Gallione, frère de Sénèque le Philosophe, qui, après un long voyage sur mer, guérit sa phthisie et jouit ensuite d'une excellente santé?

Malheureuse Rome! qui te tirera, avec sa victorieuse éloquence, des ongles rapaces de la monstrueuse conjuration de Catilina, si ton M. T. Cicéron, d'une constitution très-frêle et délicate, réduit à un fil de vie par une affection de poitrine, à la fleur de l'âge, doit dire adieu à ses luttes oratoires? Cet homme, ton père et ta première lumière, après avoir accompli de longues pérégrinations sur mer et visité les plus célèbres cités de la Grèce, revient fortifié, vigoureux, reprend la vie privée et publique, et, émule de Démosthènes, il tonne, il fulmine au barreau latin, au palais du Sénat. Ces autorités et ces arguments suffisent pour convaincre les plus incrédules, etc.

Nous ne voulons pas oublier Mercuriale qui, dans son *Art gymnastique* et dans *sa Médecine pratique*, recommande chaudement la navigation (*quantum fieri potest navigare*) à ceux qni souffrent de maladies chroniques de la poitrine, et surtout de la phthisie pulmonaire. Nous ne pouvons omettre Foresto, qui conseille de se défier des flots et de se représenter , en imagination, les gondoles frêles, légères et rapides de Venise, auxquelles, nous autres modernes, nous adjoignons le travail des rames pour accroître le développement des membres supérieurs et de la cage thoracique. Et Dujat, qui cite le fait d'un marinier phthisique, parti de Rio-Janeiro, et jugé par les médecins incapable d'arriver à mi-chemin, à cause de son extrême faiblesse, et qui, cependant, revint au pays complètement rétabli. Enfin, Gilchrist, dans son ouvrage traduit en différentes langues, sur l'utilité des voyages maritimes dans la pneumophymie, a su convaincre de nombreux adhérents par ses raisonnements scientifiques et le choix encourageant de ses exemples merveilleusement appropriés ; Baglivi, Van Swieten, Mead, Tommaso, Willis, Roccardo Russel, Portal, Borsieri, Laënnec, Bourriot, Saint-Hilaire, Castellani, le célèbre voyageur Forster et le naturaliste-chimiste hollandais Ingenhouze, qui, tous, ont professé les bienfaits de cette méthode curative !

Après des avis aussi autorisés, nous pourrions rapporter de nombreuses observations de familles liguriennes exterminées presque entièrement par les ravages de la phthisie pulmonaire, et dont quelques membres ont pu survivre, grâce à leur confiance dans des voyages maritimes de longue durée. Nous pourrions encore citer quelques exemples dans lesquels la navigation marine, en améliorant puissamment les fonctions nutritives, a effacé rapidement les phénomènes de l'amaigrissement et ramené, en peu de temps, les malades au degré le plus florissant de leur santé normale.

§ 24. — Bains de mer.

> « Tendres mères, si vous voulez que vos enfants soient vigoureux, faites leur respirer l'air salubre de la côte. Faites prendre à vos jeunes enfants des bains de mer, mais avec les précautions qu'exige leur âge et que la science du médecin vous indiquera. »
>
> (Dr Burggraeve).

Après avoir réuni quelques considérants sur les bienfaits de l'air maritime et de la navigation, la logique veut que

nous les fassions immédiatement suivre de quelques mots sur
les bains de mer à San-Remo.

La pratique des bains remonte à la plus haute antiquité.
Nous croyons, et l'histoire nous en donne l'assurance, que les
premiers hommes n'en usaient point. Il est dit dans la Genèse
que la petite-fille de Pharaon, la princesse Termut, se ren-
dant au Nil pour y prendre son bain habituel, vit flottant sur
les eaux une corbeille qui renfermait le jeune Moïse. Celui-ci,
choisi pour délivrer le peuple d'Israel du barbare vasselage
de l'Egypte, ordonna l'usage des bains, tant comme mesure
hygiénique que comme pratique religieuse, symbole de notre
saint baptême. Des Egyptiens et des Hébreux, la coutume des
bains passa en Grèce, et de la Grèce à la capitale du monde
chrétien, avec les beaux-arts. Aussi les nations dont nous ve-
nons de parler regardaient comme sacrées les fontaines, les
fleuves, la mer, auxquelles présidaient les divinités.

Quelques siècles après, nous trouvons les bains utilisés
comme formule d'urbanité, de philanthropie à l'égard des
hôtes étrangers. Si aujourd'hui ils ne sont plus d'un aussi
fréquent usage et aussi estimés, comme à cette époque ancienne, la civilisation moderne, cependant, les apprécie et les
emploie; et ici nous en avons pour preuve les magnifiques
établissements balnéaires établis, il n'y a pas très-longtemps,
dans les grandes comme dans les plus petites cités de notre
élégante péninsule.

Sous le rapport hygiénique, les bains ont certainement
la plus grande utilité; car ils maintiennent la propreté du
corps, favorisent la transpiration cutanée, modèrent l'excès
de calorique, préviennent beaucoup de maladies, et particulièrement celle de la peau, contribuent à faciliter le corps
et l'esprit dans l'accomplissement de leurs fonctions.

Si maintenant on les envisage au point de vue thérapeutique, dirigés par des mains habiles, associés surtout à des
voyages maritimes, à la natation, à des aliments eupepti-
ques, des viandes rôties, du vin amer, des vêtements de
laine, etc., ils agissent par leurs qualités tonico-stimulantes,
par l'iode, le brôme et le sel que ces eaux marines renfer-

ment ; ils excitent la circulation du sang rouge, stimulent l'appétit, rétablissent les fonctions de la peau, raniment les fonctions pulmonaires, améliorent, en résumé, la constitution et font disparaître la scrofule, le rachitisme, la phthisie et les affections cutanées. «*Nihil e contrario efficacius molles et laxas roborat fibras, quam balneorum frigidorum usus* (Hipp.)» C'est un axiome en médecine que l'eau minérale est d'autant plus efficace que la quantité de ses principes médicamenteux est plus forte. Et l'eau de mer n'étant qu'une eau minérale, en raison de ses éléments minéralisateurs variés, n'en découle-t-il pas, par une directe conséquence, que ses bains seront plus efficaces, plus profitables, précisément là où sont plus nombreux les dits éléments. Or, des minutieuses et patientes analyses chimiques, instituées par deux savants, MM. Mialhe et Figuier, il résulte clairement que l'eau de la Méditerranée en renferme bien plus que l'eau de l'Océan ; et comme ces recherches sont, à notre avis, très-exactes, nous croyons utile de les rapporter textuellement dans le tableau comparatif suivant :

	Eau de la Méditerranée.	Eau de la Manche.	
Chlorure de sodium........	27,220	25,700	
— de magnésium ..	6,140	2,905	
Sulfate de magnésie	7,020	2,622	
— de chaux..........	0,150	1,210	Pour un litre.
Bromure de sodium.......	0,103	0,103	
Iode, fer, manganèse......	traces	traces	
Résidu solide.............	40,740	32,657	

Ce tableau démontre clairement que la cause principale des différences de résultats provient de la plus ou moins grande quantité d'eau que déchargent les rivières de la Manche. C'est pourquoi la clarté et la limpidité ne sont point troublées dans la Méditerranée. Aussi les bains de l'une sont bien préférables à ceux de l'autre; et l'on ne doit pas les employer sans une extrême prudence, et jamais, selon le proverbe, sans ouvrir largement les yeux.

Sur tout le littoral de la Méditerranée, le premier rang revient aux bains de mer liguriens, et parmi ceux-ci aux bains de San-Remo. Il est vrai que notre rivage est sablonneux, et la mer qui le baigne est, surtout l'été, calme comme une surface d'huile et limpide comme un miroir ; les baigneurs peuvent alors jouir tout à leur aise de ce bain public, et les nageurs utiliser à leur loisir la plage, ce qui donne à ces bains tout l'agrément que l'on peut désirer.

Beaucoup d'étrangers et les charmants enfants des militaires italiens, qui, dans les derniers mois de l'été, préfèrent San-Remo aux autres plages de la Ligurie, y ont une entière confiance, et gardent un doux et agréable souvenir de notre pays.

Saisissons ici l'occasion de résumer, pour l'avantage de tous, les règles formulées par les hygiénistes les plus distingués :

1° Il convient d'employer nos bains du milieu de juillet jusqu'à la fin de septembre. Nous, qui vivons sur le bord de la mer, notre avis est qu'on peut les prolonger du mois de juin au mois d'octobre, et même, en certaines années, un peu au-delà. « *Balneis quoque multis œstate utendum est, hyeme paucioribus* (Hippocrate). »

2° On peut faire usage des bains à toute heure du jour, pourvu que la fraîcheur de l'eau ne soit pas exagérée ; il vaut mieux, en pareil cas, ne pas les prendre de bonne heure, parce que, sous l'influence des rayons solaires, l'eau est moins froide. « Le bain le meilleur est donc celui qui sera pris dans la seconde moitié de la journée, et il faudra, autant que possible, s'arranger pour le prendre à cet instant. (Le Cœur.) » Si l'eau est très-froide, il faut s'y plonger la tête la première, pour prévenir l'afflux du sang au cerveau, puis plonger, faire beaucoup de mouvements et nager.

3° Celui qui veut prendre un bain en plein midi, au cœur de l'été, doit se garantir la tête contre la violence des rayons solaires avec un chapeau de paille de haute forme et à larges bords, doublés en bleu, recouvert soit d'un mouchoir blanc, soit avec une ombrelle de même couleur.

4° La durée de chaque bain dans l'eau froide peut se prolonger de 10 à 15 minutes, si elle est médiocrement froide, et aller jusqu'à une petite heure, bien entendu selon la tolérance des individus. Dès que l'on s'aperçoit que la figure et les lèvres pâlissent, que les ongles des mains et des pieds deviennent livides, si l'on éprouve des frissons internes, il faut sortir au plus tôt, agir et courir précipitamment.

5° Dans les journées plus chaudes, on peut prendre avec avantage deux bains par jour.

6° On entrera dans le bain la digestion complètement terminée, environ de 4 à 5 heures après le repas. L'oubli de cette précaution détermine souvent de graves malheurs, des effets pernicieux et parfois mortels.

7° Si l'on a bu des liqueurs spiritueuses, il faut se garder d'entrer au bain ; et si l'on veut passer outre, on doit plonger entièrement, en ayant soin de commencer par la tête.

8° Entrer dans le bain quand on a chaud, permet de résister à l'action du froid, mais il ne faut point le faire quand le corps ruisselle de sueur, ni subitement après une tempête, encore moins quand la nuit est avancée.

9° Aux bains des établissements construits sur le bord du rivage, on doit préférer les bains pris en mer ouverte ; ces derniers, indépendamment de la plus grande limpidité de l'eau sont plus salubres et ont plus d'avantages, même à cause des secousses que les flots marins impriment aux baigneurs. Il faut éviter, autant que faire se pourra, les ports de mer et les localités quelconques où l'eau a perdu sa propreté, sa pureté et sa limpidité.

10° Dans le bain, il convient de nager et d'exécuter des mouvements, parce que cette gymnastique permet de se mettre en contact avec des quantités d'eau toujours nouvelles ; le bain profite alors bien davantage, et favorise les effets qu'on en désire, particulièrement ceux de la réaction.

11° Selon le savant Quissac, l'âge le plus propice aux bains est de six à seize ans, et surtout de seize à vingt. Les populations maritimes savent par expérience qu'ils ne conviennent pas à tous âges, : qu'ils sont défavorables aux enfants d'un à trois ans, à constitution délicate, à peau fine, parce qu'ils peuvent produire des affections cutanées ; qu'ils sont principalement nuisibles aux vieillards, aux gens décrépits, à ceux qui sont prédisposés aux congestions viscérales, à l'apoplexie, ou à des ralentissements de la circulation.

12° D'après Hippocrate, les bains conviennent également aux deux sexes, mais plus aux femmes et aux constitutions frêles et délicates qu'aux individus corpulents. Pour qu'ils soient toniques, stimulants et qu'ils n'agissent pas comme débilitants, ils doivent être courts, fréquents, répétés, appropriés à l'âge et à la constitution.

13° Pratiqués avec mesure et modération, les bains guérissent le physique et le moral; pris d'une façon tout opposée, ils affaiblissent et dérèglent l'organisme. Ils sont aussi utiles aux femmes enceintes, qui auront bien soin de ne point faire de grands mouvements dans l'eau, ni des efforts rapides et violents.

14° Ils seront formellement défendus aux femmes qui ont leurs menstrues et aux gens prédisposés aux rhumes, aux maladies thoraciques, aux rhumatismes et aux hémorrhagies.

15° A la sortie du bain, il n'est pas très-nécessaire de se sécher à l'air, parce que, suivant des médecins de grand bon sens, l'humidité de l'eau marine ne saurait nuire, et qu'en s'évaporant librement, elle donne à la peau de la vitalité par le dépôt de particules salines qu'elle laisse à la surface du corps.

16° A notre avis, quarante bains suffisent pour un traitement reconstituant, bien qu'il faille tenir compte de l'âge, du sexe, du tempérament, du degré de la maladie, toutes circonstances qui doivent faire varier ce précepte.

17° Après le bain, il faut, en compagnie de joyeux amis, soit à pied, soit à âne, soit en voiture, courir, trotter, conduire un véhicule, faire des parties de campagne, fuir les ardeurs de la canicule, les brises des vents, et venir, avec appétit, prendre un repas sain et frugal.

§ 25. — Exercice physique du corps.

« Motus et labor corpus firmant, ignavia hebetat.
(HIPPOCRATE).
« L'homme n'a pas été créé pour méditer sans cesse, mais pour
travailler et agir. »   (AUDIN et RIVIÈRE).

Depuis l'antiquité la plus reculée, c'est-à-dire depuis les temps d'Hérodico (en 413 avant l'ère chrétienne) et chez toutes les générations suivantes, la conviction que l'exercice du corps était nécessaire fit instituer la gymnastique, même comme base de l'éducation de la jeunesse. Les Grecs et les Romains considéraient les exercices gymnastiques comme l'élément indispensable pour devenir fort et robuste. Bacon les a toujours regardés comme un puissant moyen de conserver la santé. Au rapport de Tacite, les Germains avaient, par cette coutume, acquis une merveilleuse vigueur. Jules César, héros, élégant écrivain, intrépide guerrier, pouvait, bien qu'il eût reçu de la nature une constitution grêle et délicate, vanter sa robuste énergie, grâce à ses fatigues militaires. Le luxe et la mollesse asiatiques énervèrent et corrompirent le peuple romain au point de lui faire perdre sa gloire militaire, son rang politique, et, ce qui est pire, sa valeur morale.

Si nous portons un instant nos regards sur les professions marine et agricole, nous reconnaissons de suite que les marins et les cultivateurs sont vigoureux, robustes, bien musclés, colorés, de beaucoup plus heureux que les habitants des villes populeuses, qui, amollis par le repos, l'oisiveté et le luxe, excitent la pitié par leur faiblesse physique, leur délicate constitution, leur mine chétive et pâle, et, surtout par une foule de maladies qu'on observe aujourd'hui très-fréquemment, tels que l'hypocondrie, l'hystérie, la goutte, les névralgies, le rachitisme, la scrofule, la phthisie, les affections du foie, etc.

Le savant Angelo Pandolfini s'exprime ainsi dans ses entretiens sur les mouvements du corps :

« Quelles choses trouvez-vous bonnes pour la santé ? L'exercice modéré et agréable : il conserve la vie, excite la chaleur et la vigueur naturelles, dissipe les matières surabondantes et les humeurs lourdes, fortifie ainsi la puissance du corps et des nerfs ; il est nécessaire aux jeunes gens, utile aux vieillards. Celui qui ne fait pas d'exercice ne saurait vivre sain et gai. Socrate, comme il l'enseignait, dansait et sautait dans sa demeure pour s'exercer. Il est bien rare qu'on ne puisse pas faire au moins un peu d'exercice ; mais enfin, si véritablement on en est empêché, il faut observer la diète et la sobriété, ne manger ni boire sans éprouver la faim ou la soif. Et ce qui me le prouve, c'est que tout vieux que je suis j'arrive à digérer même les aliments les plus lourds. « Mes fils, suivez cette règle, elle est générale et parfaite : prenez soin de connaître les choses qui sont nuisibles, dont vous devez vous préserver, et celles qui sont avantageuses et favorables ; appliquez ces dernières sans relâche. Nous entendons par là l'exercice, la diète et la tempérance ; c'est ainsi que nous conservons notre santé. »

A San-Remo, il est facile de s'adonner aux exercices du corps ; car, à l'intérieur et à l'extérieur de la cité, il y a des promenades fort commodes, des montées, des plaines, des vallées que l'on peut parcourir en toute liberté.

§ 26. — Conseils hygiéniques aux valétudinaires.

Puisque nous avons traité, dans ce travail, la question du climat de San-Remo, nous croyons opportun de suggérer aux malades, et particulièrement aux tuberculeux, quelques avis sur le choix de l'habitation, de l'alimentation, sur la manière de vivre, s'ils ont à cœur de récupérer promptement leur santé perdue.

L'habitation doit être chaude l'hiver, fraîche l'été, et, dès lors, exposée au midi, pour le charme et l'agrément du site.

Pour nourriture, des viandes rôties de bœuf et de mouton, des potages gras et tout aliment substantiel activeront la réparation organique et coopèreront à enrichir la masse sanguine. Les habitants du Nord, pour lutter contre l'humidité, et les froids rigoureux de leur climat, sont obligés de faire usage d'une alimentation animale et de vins généreux ; mais, lors de leur séjour passager dans notre région, ils devront modérer leur régime habituel, mélanger les viandes avec des herbages, boire du vin de Bordeaux, s'abstenir de vins alcoolisés et capiteux, tels que le Marsala, etc.

Les malades atteints d'affections de la poitrine, particulièrement de tuberculose et d'hypertrophie du cœur, feront un exercice modéré, soit en voiture, soit à pied, en évitant les ascensions ; si le vent souffle ils quitteront le rivage pour se réfugier dans les vallées, etc.

L'équitation, profitable aux gens nerveux, tuberculeux, faibles ou convalescents, est nuisible à ceux qui sont sujets aux vomissements de sang.

Enfin, il faut avoir toujours présent à l'esprit le conseil sentencieux d'Alibert, qui dit que, pour mettre le pied dans le vénérable sanctuaire de l'hygiène, il est indispensable de réprimer les désirs malhonnêtes et perturbateurs, parce qu'ils altèrent complètement le trésor d'une ancienne santé, la rectitude du jugement, et qu'ils conduisent à l'hébétude. Cette sentence est à l'adresse d'un poète français :

> Qui sait les maîtriser est le Dieu d'Epidaure.
> Oui, la sagesse aimable est sœur de la santé ;
> Elle seule connaît le secret qu'on ignore
> D'assurer l'immortalité.

§ 27. — Vie matérielle de San-Remo.

La logique exige que ces avis succincts donnés aux étrangers valétudinaires soient complétés par quelques mots de la vie matérielle et intellectuelle.

Les céréales sont ici importées de la capitale de la Ligurie ; les vins, de la France ; les viandes et les volailles, du Piémont ; le gibier, en partie du Piémont, de la Lombardie, de la Sardaigne, et en partie des pays circonvoisins.

Il se fait, chez nous, une capture peu importante de petits oiseaux de différentes espèces tels que : grives, merles, bécasses ou bien de lièvres ; on trouve quelques faisans dans les forêts de Triova. Au cœur de l'hiver, quand les montagnes se couvrent de neige, les petits oiseaux, qui aiment les hauteurs, descendent sur les pentes des Apennins, et alors, sur beaucoup de points de la Ligurie, la chasse au filet, dans les endroits abrités des vents, devient une agréable distraction, surtout par les journées plus froides.

En hiver, sur le bord des étangs, on chasse les oiseaux aquatiques, qui retournent vers la Provence, la Toscane et la Romagne.

En automne, quelques rares bandes d'oiseaux de toute espèce se sauvant de la Vénitie, la Lombardie, Bergame et Brescia, reviennent ensuite par la même voie, pour se diriger du côté de l'Ouest vers la France et l'Espagne ; et peuvent alors, dans ces pérégrinations, tomber dans les piéges qu'on leur tend et constituer une bonne prise pour nos volières.

Au printemps, la chasse des oiseaux est médiocrement productive. Il arrive parfois d'outre-mer, dans nos parages, des volées d'espèces communes ; quelques-unes s'y fixent, établissent leurs nids au haut des oliviers les plus élevés, ou dans les cachettes profondes des broussailles. Le loriot, la linotte, la caille, l'ortolan, etc., bien engraissés, apparaissent sur nos meilleures tables.

Le poisson est pêché en partie sur notre plage, en partie à Bordighera.

Les fruits et les légumes sont abondants et exquis.

Les bergers, à l'exemple de ceux de la Suisse, descendent, pendant l'hiver, nous vendre du lait, du beurre, du fromage, des chevreaux et des agneaux, etc.

Dix hôtels de premier ordre, qui figureraient très-bien dans n'importe quelle ville riche et civilisée, jouissent d'une exposition salubre et d'un coup d'œil véritablement enchanteur sur la mer ; ils sont entourés de délicieux jardins qui portent les noms de jardins de Londres, de Bellevue, de la Paix, de San-Remo, Royal, de la Bretagne, de Nice, d'Angleterre, Victoria, du Commerce.

Des domestiques, mis avec recherche, ayant la chevelure frisée et parfumée, versent dans des cristaux limpides des vins exquis, soit indigènes, soit exotiques, vins surtout apportés des crùs limitrophes et de plusieurs vignobles dont Redi a oublié de faire l'éloge dans son unique dithyrambe.

Il y a aussi des hôtels de second et de troisième ordre, des pensions où l'on trouve logement et nourriture, des restaurants qui portent également les aliments à domicile, et le tout à des prix excessivement modérés.

Il ne manque point d'appartements et de chambres meublés à louer, des voitures pour les promenades en ville et dans les localités voisines, des montures de tout genre pour les cavaliers, de petits chars à bras, à l'usage des malades et des enfants.

Trois grands *bazars* sont pourvus de tous les objets d'utilité et de luxe.

On trouve à San-Remo de nombreux médecins, soit du pays, soit de toutes nationalités, et alors venant exprès l'hiver pour exercer. Cinq officines, bien approvisionnées, sont tenues par d'habiles pharmaciens : trois sont italiennes, une est anglaise, et la cinquième est internationale. Cette dernière, par sa magnificence et sa beauté, par la grande variété des spécialités indigènes et étrangères, occupe certainement le premier rang, et l'emporterait encore sur ses similaires dans les capitales d'Europe.

Il est à désirer que, sur la voie qui va du *Cap-Pino* au *Cap-Vert*, il s'élève, du côté de la mer, un parapet pour ceux qui voyagent à pied, en calèche ou à cheval ; — que des deux parties orientale et occidentale de la ville, à la distance d'un demi-quart d'heure, il soit construit un pavillon en bois, et de telle forme qu'il protége contre l'air et le soleil ; — que, comme dans les autres stations d'hiver, il y ait près de la gare du chemin de fer des chalets où l'on trouve, à des heures fixes, du lait de vache, que l'on puisse faire traire suivant les besoins des promeneurs ; et nous avons l'avantage de posséder, à cet effet, des vaches dont le lait est fort nourrissant et salutaire. Nous émettrons encore le vœu essentiellement humanitaire, vœu d'ailleurs exprimé par quelques médecins que l'on fonde un vaste asile de santé destiné à la fois aux valétudinaires qui y seraient en pension sous leur direction, et à la classe indigente, qui y trouverait d'incontestables avantages.

§ 28. — Vie intellectuelle.

La petite ville de San-Remo ne saurait présenter les divertissements bruyants, ni les fortes agitations des métropoles. Elle apporte des avantages plus sérieux aux malades qui se réfugient dans son sein, car pour jouir de la clémence de notre climat, ils ont une absolue nécessité de récréations tranquilles et paisibles. Ceux-ci veulent adoucir leurs soufrances, chasser de leur esprit les pensées mélancoliques; en un mot rétablir leur santé, tandis que dans les métropoles on poursuit un but tout opposé. Les divertissements fournis par notre ville sont très-nombreux et délicats. On trouve : au centre de la ville, un *Casino* ou Cercle international, avec cabinet de lecture, et où l'on peut lire les journaux, jouer au billard, danser, entendre de l'excellente musique, assister à des représentations théâtrales ; — deux beaux et élégants cafés, abondamment pourvus de journaux italiens et étrangers, et de billards ; — deux magnifiques bibliothèques, l'une publique, dans l'asile Corradi, l'autre privée, du consul anglais Gongraeve, où l'amateur des belles-lettres et des sciences y consultera les meilleurs ouvrages en toutes les langues, etc.

Perspectives de terre et de mer, points de vue pittoresques, promenades publiques et privées, édifices élégants pour satisfaire l'esprit ou la curiosité des touristes les plus difficiles, rien ne manque à notre pays. Au Midi, le voyageur a devant lui la Méditerranée, et à l'horizon, les côtes de la Corse et de la Sardaigne. Du côté opposé, il aperçoit la délicieuse chaîne de sept collines qui, à la façon d'une barrière naturelle, protégent contre les vents du Nord la cité et ses charmants jardins. Enfin, ne sera-t-il pas émerveillé en contemplant les hautes et lointaines montagnes dont le sommet est parfois blanchi par les neiges?

Les points de vue les plus remarquables sont : au nord, la Madone de la Côte, l'église de San-Giacomo, l'ermitage du Comte-Tuffetti (maintenant Decanis), Borello, San-Romolo, le Mont-Bignone ; — à l'est, la chapelle de la B.-V. de la Villette, le Mont-Poggio-Radino, la Parà, la Colline des Moldolivi, le Plan des Boggi, le Sentier du Poggio, près de la ferme de la veuve Carli, la Madone de la Gàrde, le village du Poggio, de Bussana, de Arma de Taggia ; — à l'ouest, Saint-Barthélemy, la Madone de Bomophetti, le Mont-Nero, le village de Colla ; — au Sud, le Port ; — au S.-E. le Cap-Vert, près de la propriété Rubine, où l'on peut voir Bordighera, Monaco, le phare de Villafranca, d'Antibes et la chaîne des montagnes de l'Esterel.

Cette courte description pourra donner une idée de notre sympathique pays, qui semble avoir été créé par Dieu pour inspirer au poète et au peintre les plus sublimes caprices; au philosophe, de sérieuses méditations; au géologue, au botaniste et au naturaliste, le désir de satisfaire largement leur curiosité scientifique.

A propos d'édifices, il y a, au centre du San-Remo moderne, le somptueux palais du marquis Borea d'Olmo, d'un style original, édifié au quinzième siècle, qui, dans les temps passés, faisait l'admiration universelle par sa galerie de tableaux, et qui encore aujourd'hui renferme des toiles estimées. Cardinaux, évêques, souverains, y ont reçu l'hospitalité en diverses circonstances, notamment Pie VII, qui y séjourna trois jours consécutifs, en 1813, à son retour de France; on conserve la chambre et le lit qu'il occupa.

Tout à côté brille, par la magnificence de ses appartements, le palais du comte Stef. Roverizio, construit au quinzième siècle, où l'on voit un tableau du Christ descendu de la croix, par Fiasella, surnommé le Sarzana. Non loin de là, sur la place Alberto-Nota, on admire, par la vaste étendue des salons, le palais municipal ; puis, sur la place G.-B.-Cassini, contiguë à la précédente, le couvent des Pères-Jésuites, converti partie en Tribunal civil, partie en Lycée-Gymnase, qui porte le nom de Cassini, l'immortel astronome de Perinaldo.

Méritent encore d'être recommandés les deux hôpitaux : l'un pour les maladies ordinaires, près de la Porte-Orientale, monastère converti, en 1813, en hospice civil, grâce au zèle de l'excellent prêtre J.-B. Margotti ; l'autre pour les éléphantiasiques et malades atteints d'autres affections cutanées, près de la porte Septentrionale, monastère converti en hôpital par la munificence du roi Ch.-Albert (1858), et desservi par des religieuses catholiques.

Des monastères, églises, chapelles, etc., sont encore à signaler au point de vue de leur grandiose architecture, etc.

FLORE DE SAN-REMO

Anemone Pavonina *DC.*
Id.   Coronaria *L.*
Ranunculus muricatus *L.*
Nigella damascena *L.*
Papaver hybridum *L.*
Hypecoum procumbens *L.*
Fumaria parviflora albiflora *Moris.*
Cheiranthus Cheiri *L.*
Matthiola sinuata *R. Br.*
Moricandia arvensis *DC.*
Koniga halimifolia *Reichb,*
Cakile maritima DC.
Isatis tinctoria *L.* .
Cistus monspeliensis *L.*
Helianthemum roseum *DC.*
Polygala rosea *Desf.*
    Id.   Monspeliaca *All.*
Silene fuscata *Link.*
  Id. Sericea *All.*
Moehringia frutescens *Panizzi.*
Lavatera maritima *Gouan.*
    Id.   punctata *All.*
Hypericum tomentosum *L.*
Geranium tuberosum *L.*
Ruta Chalepensis *a, B, Moris.*
Cytisus triflorus *Hérit.*
Ononis cherleri *Desf.*
Anthyllis tetraphylla *M.*
    Id.   Barba Jovis *L.*
Medicago marina *L.*
Trigonella prostrata *DC.* .
Trifolium pannonicum *L.*
Lotus Cytisiodes *All.*
Tetragonolobus purpureus *Mœnch.*
Psoralea bituminosa *L.*
Astragalus pentaglottis *L.*
    Id.   aristatus *Hèrit.*
Scorpiurus subvillosa *L.*
Securigera coronilla *DC.*
Coronilla stipularis. *Lamck.*

Lythrum Graefferi *Ten.*
Tamarix africana ligustica *DNtrs.*
Paronychia nivea *DC.*
Tordylium apulum *L.*
Orlaya maritima *Koch.*
Lonicera implexa *Ait*
Crucianella angustifolia *L.*
Rubia peregrina *L.*
Galium Saccharatum *All.*
Buphthalmum aquaticum *L.*
Pulicaria Odora *Reichb.* .
Phagnalon rupestre *DC.*
    Id.   Saxatile *Cass.*
Evax pygmæa *Per.*
Plagius virgatus *DC.*
Diotis candidissima *Desf.*
Achillœa ligustica *All.*
Pyrethrum Miconis *Moench.*
Senecio Cineraria *DC.*
Carlina lanata *L.*
Atractylis cancellata *L.*
Stachelina dubia *L.*
Centaurea crupina *L.*
Urospermum Dalechampii *Desf.*
Vincetoxicum contiguum *Gren et God.*
Vinca acutiflora *Bertol.*
Convolvulus althæoides *L.*
    Id.   pseudo-tricolor *Bertol.*
    Id.   Evolvuloides *Desf.*
    Id.   pentapetaloides *L.*
Omphalodes verna *Moench.*
Cerinthe aspera *Wildt.*
Lithospermum apulum *Vahl.*
Linaria triphylla *Mill.*
Lavandula Spica *L.*
    Id.   latifolia *Vill.*
Stachys maritima *L.*
Ballota spinosa *Lintk.*
Teucrium polium *L.*
Ajuga Iva *Schreb.*

Vitex Agnus Castus *L.*
Coris Monspeliensis *V.*
Primula marginata *Curt.*
Globularia Alypum *L.*
Statice Avei *Dnlrs.*
   Id.   pubescens *DC.* .
Plantago Bellardi *All.*
Plantago Coronopus *Spica ramosa.*
Polygonum maritimum *L.*
Rumex Bucephalophorus *L.*
Osyris alba *L.*
Euphorbia trinervis *Bertol.*
   Id.   Peplis *L.*
   Id.   Spinosa *L.*
   Id.   Characias *L.*
Crozophora tinctoria *A. Iuss*
Posidonia Caulini *Koning.*
Arum Dracunculus *L.*
Arisarum Vulgare *Rich.*
Aceras antropophora *R. Br.*
Anacamptis pyramidalis *Rich.*
Barlia longibracteata *Parl.*
Coeloglossum viride *Hartm.*
Ophrys Aranifera *Willd.*
   Id.   apifera *Huds.*
   Id.   Bertolonii *Moret.*
   Id.   fusca *Willd.*
Orchis maculata *L.*
   Id.   mascula *L.*
   Id.   Morio *L.*
   Id.   pallens *L.*
   Id.   papilionacea *L.*
   Id.   provincialis *Balb.*
   Id.   Sambucina *L.*
   Id.   Ustulata *L.*
Gymna-denia conopsea *R. Br.*
Platanthera bifolia *Rich.*
Serapias lingua *L.*
   Id.   Cordigera *L.*
   Id.   Longi petala *Poll.*
Spiranthes autumnalis *Rich.*

Traunsteinera globosa *Reich.*
Crocus Versicolor *Ker.*
Sternbergia lutea *R. et S.*
Pancratium maritimum *L.*
Queltia incomparibilis *Haw.*
Narcissus papyraceus *Gawt,*
   Id.   Panizzianus *Parl.*
   Id.   aureus *Lois.*
   Id.   Bertolonii *Parl.*
   Id.   Italicus *Sims.*
   Id.   elatus *Guss.*
   Id.   Tazzeta *L.*
   Id.   varians *Guss.*
   Id.   canaliculatus *Guss.*
   Id.   Remopolensis *Panizzi.*
Smilax Aspera *L.*
   Id.   b. Mauritanica *Desf.*
Tulipa precox *Ten.*
   Id.   Clusiana *Vent.*
Asphodelus fistulosus *L.*
Lilium pomponium *L.*
   Id.   Croceum *Chaix.*
Hemerocalis fulva *L.*
Nectaroscilla hyacinthoides *Parl,*
Allium triquetrum *L.*
   Id.   roseum *L.*
   Id.   Nigrum *L.*
   Id.   Subhirsutum *L.*
Hyacinthus orientalis *L.*
Bellevalia romano *Reich.*
Schoenus mucronatus *L.*
Andropogon hirtus *L.*
   Id.   pubescens *Vis,*
Phalaris coerulescens *Desf,*
Agrostis pungens *Scherb.*
Brachypodium racemosum *R. et S.*
Lagurus Ovatus *L.*
Stipa tortilis *Desf.*
Koeleria villosa *Pers.*
Sclerochloa maritima *Link.* .

Nota. — Ces plantes ont été photographiées par M. Pierre Guidi, ce qui lui a valu des récompenses aux Expositions de San-Remo à Gênes, Milan, notamment un diplôme de Mérite à celle de Vienne (1873), grâce aux préparations botaniques de M. le chevalier François Panizzi, savant chimiste pharmacien.

TABLE DES MATIÈRES

FIN DE LA TABLE.

www.ingramcontent.com/pod-product-compliance
Lightning Source LLC
Chambersburg PA
CBHW051640060726
47597CB00004B/1651